BEI GRIN MACHT SICH IHR WISSEN BEZAHLT

- Wir veröffentlichen Ihre Hausarbeit, Bachelor- und Masterarbeit

- Ihr eigenes eBook und Buch - weltweit in allen wichtigen Shops

- Verdienen Sie an jedem Verkauf

Jetzt bei www.GRIN.com hochladen und kostenlos publizieren

Bibliografische Information der Deutschen Nationalbibliothek:

Die Deutsche Bibliothek verzeichnet diese Publikation in der Deutschen National-
bibliografie; detaillierte bibliografische Daten sind im Internet über http://dnb.d-
nb.de/ abrufbar.

Impressum:

Copyright © 2012 GRIN Verlag
Druck und Bindung: Books on Demand GmbH, Norderstedt Germany
ISBN: 9783668704992

Dieses Buch bei GRIN:

https://www.grin.com/document/425596

Olga Glöckner

Bearbeitung des Papers "Coastal Morphodynamic Evolution Techniques" von J.A. Roelvink

GRIN Verlag

Hausarbeit

Bearbeitung des Papers
Coastal morphodynamic evolution techniques
J.A. Roelvink

bearbeitet von: Olga Glöckner

Kurs / Modul: Küsteningenieurwesen

Abgabetermin: 12. Juli 2012

INHALTSVERZEICHNIS

Abbildungsverzeichnis

1 Einleitung

In der vorliegenden Arbeit wird das Paper „Coastal morphodynamic evolution techniques", das im Jahre 2006 von Dano Roelvink veröffentlicht wurde, zusammenfassend erläutert.

Der Autor stellt verschiedene Methoden zur Modellierung morphodynamischer Vorgänge bzw. zur Aktualisierung bathymetrischer Veränderungen vor. Beginnend mit dem tidegemittelten Ansatz weist Roelvink auf zwei wesentliche Einschränkungen hin, denen diese Herangehensweise unterliegt. Aufgrund dessen erfolgt eine Erweiterung dieser Methode um eine Kontinuitätskorrektur mithilfe derer Auswirkungen der Bathymetrieänderung auf die Hydrodynamik sowie auf Transportprozesse berücksichtigt werden. Anschließend wird der *RAM* Ansatz, der auf der Annahme basiert, dass die Transportfunktion bei einem gegebenen Strömungs- und Wellenprofil lediglich von der Wassertiefe abhängig ist, vorgestellt. Ein wesentlicher Vorteil dieser Methode ist der parallele Ablauf der Wellen-, Strömungs- und Transportfeldaktualisierungen. Weiterhin wird die *online* Methode erläutert. Im Gegensatz zu den bis dahin vorgestellten Ansätzen, werden hier Strömungsprozesse, der Sedimenttransport sowie Änderungen der Bathymetrie mit gleichen, kurzen Zeitschritten aktualisiert. Schließlich wird der *parallel online* Ansatz behandelt, der eine Kombination des parallelen Charakters der *RAM* Methode und der Genauigkeit sowie der numerischen Stabilität des *online* Ansatzes darstellt. Danach nimmt der Autor einen Vergleich der einzelnen Methoden bezüglich ihrer Genauigkeit und Effizienz vor und stellt diesen in Form eines hypothetischen Beispiels dar. Schlussfolgernd wird darauf hingewiesen, dass sich zukünftige wissenschaftliche Studien, die auf der *parallel online* Methode basieren, mit Langzeitverhalten und dem Einfluss von Tideströmungen beschäftigen werden.

Diese Arbeit soll die wesentlichen Überlegungen des Papers darstellen. Dazu werden zunächst vorangegangene Erkenntnisse erläutert, wobei hauptsächlich auf die Klassifizierung und Ziele morphodynamischer Modellierung eingegangen wird. Darauf folgend werden Roelvinks wesentlichen Argumentationslinien bzw. analytische Methoden zur Modellierung morphodynamischer Vorgänge aufgeführt. Zuletzt wird der heutige Stand des Wissens dargestellt und eine kurze Bewertung des Papers vorgenommen.

2 Vorangegangene Erkenntnisse

Küstenrelevante Problemstellungen konzentrieren sich weltweit auf komplexe morphologische Prozesse vor allem in Prielen, Flussmündungen, Ästuarien und Buchten. Insbesondere Vorgänge in tidebeeinflussten Regionen tragen zur Veränderung des Geschwindigkeitsprofils bei. Dazu gehören die Beschleunigung und Verlangsamung der Fließgeschwinkeiten, Dichteunterschiede, die Corioliskraft sowie durch Wind und Wellen generierten Strömungen. Um das komplexe Verhalten solch morphologischer Vorgänge analysieren und detailliert vorhersagen zu können, ist der Einsatz fortschrittlicher Modelle erforderlich (Lesser, et al., 2004). Dabei galt bis zur Erscheinung des zu analysierenden Papers im Jahr 2006 das Modellsystem Delft3D als die weltweit führende Software zur Simulation von hydrodynamischen und morphologischen Prozessen in Küstengebieten, Flüssen und Ästuarien. Es wurde von der WL|Delft Hydraulics in enger Zusammenarbeit mit der Delft University of Technology entwickelt und besteht aus gekoppelten Rechenmodulen mithilfe derer die parallele bzw. kombinierte Modellierung von Wellen-, Strömungs-, Sedimenttransport- sowie Bodenevolutionsprozessen ermöglicht wird (WL | Delft Hydraulics, 2007).

Da signifikante Veränderungen der Bathymetrie bis zu Jahrtausenden andauern können, sind Langzeitsimulationen notwendig. Solche morphologischen Änderungen sind jedoch von kurzzeitig variierenden Ereignissen, wie Tiden oder Welleneinwirkungen, abhängig. Um dies präzise abbilden zu können, müssen lang- und kurzzeitige Ereignisse sowie mögliche Stabilitätsanforderungen der Strömung miteinander verbunden werden. Die dafür verwendeten numerischen Berechnungen sind wiederum oft sehr zeitintensiv. Eine Option, den Berechnungsaufwand zu reduzieren, ist die Auswahl repräsentativer Bedingungen, auch *input reduction* genannt, wobei vor allem die Nicht-Linearität der Prozesse berücksichtigt werden muss. Eine weitere Möglichkeit ist die Schematisierung von Strömungsveränderungen, die durch die Bathymetrieevolution hervorgerufen werden. Schließlich lässt sich auch durch das Steigern des effektiven morphologischen Zeitschritts der Rechenaufwand verringern. Dabei dienen die ersten beiden Optionen hauptsächlich der Reduzierung von hydrodynamischen Berechnungen, während die zuletzt genannte Möglichkeit den morphologischen Aspekt behandelt (Latteux, 1995).

2.1 Morphodynamische Modellierung

2.1.1 Modelltypen

Im Allgemeinen lässt sich die Modellierung morphodynamischer Prozesse in zwei Modelltypen einteilen. Zum einen sind hier die empirischen Modelle, die in Form von Gleichgewichtsbeziehungen eine Abschätzung der Volumenänderungen ermöglichen, zu nennen. Mithilfe dieser Ansätze lässt sich das natürliche Gleichgewicht eines Systems beschreiben. Somit werden Abschätzungen von Auswirkungen anthropogener Eingriffe ermöglicht, vorausgesetzt, dass ein inhomogen morphologisches System sich wieder in seinen Gleichgewichtszustand zurückentwickelt. Empirische Modelle unterscheiden sich untereinander durch die zugrundeliegende Gleichung sowie durch die in Beziehung gesetzten physikalischen Parameter. Untersuchungen zur Abhängigkeit von Durchflussquerschnitt und Tidevolumen wurden bereits 1931 von Morrough P. O'Brien durchgeführt. Dabei wurden Tidevolumen V_{Tide} und Durchflussquerschnitt bei Tideniedrigwasser A_{Tnw} an zahlreichen sandigen Ästuarien in Nordamerika in Beziehung gesetzt.

Schließlich erarbeitete O'Brien (1969) ein lineares Verhältnis zwischen minimalem Durchflussquerschnitt und Tidevolumen, das in Gleichung (2-1) dargestellt ist.

$$A_{Tnw} = 4{,}69 \cdot 10^{-4} \cdot P^{0{,}85}$$ (2-1)

Durch die von O'Brien (1969) durchgeführten Linearisierungen werden die tatsächlichen Werte unterschätzt. Andere empirische Untersuchungen setzen in Form von Gleichgewichtsbeziehungen den Durchflussquerschnitt mit dem Durchfluss oder mittlere Geschwindigkeiten mit dem hydraulischen Radius in Zusammenhang. Empirische Modelle betrachten oft nur die Gleichgewichtssituation eines Systems und können somit keine Informationen über die Geschwindigkeit oder den Ablauf der Entwicklung liefern. Dennoch gilt diese Art der Modellierung als ein nützliches Hilfsmittel zur schnellen Abschätzung bathymetrischer Entwicklung.

Dynamische Modelle, die das Systemverhalten prozessorientiert beschreiben, stellen den zweiten Typus dar. Diese bilden physikalische Prozesse des morphodynamischen Systems durch Zustandsgleichungen ab. Es lassen sich Vereinfachungen definieren, indem die Prozesse nach Skalen eingeteilt werden. Durch die Trennung in eine hydrodynamische und eine morphodynamische Skala kann während der Simulation eine konstante Bathymetrie angenommen werden (Wang, et al., 1995).

2.1.2 Modellklassen

Im Allgemeinen kann eine Klassifizierung prozessorientierter morphodynamischer Modelle in die drei folgenden Modellklassen *Flächen-*, *Küstenlinien-*, und *Küstenquerprofilmodelle* erfolgen. Dabei befassen sich die letzten beiden Klassen mit der Simulation offener Küstensysteme, bei denen jeweils der Küstenquer - bzw. Küstenlängstransport vernachlässigt wird. Zur Modellierung bathymetrischer Veränderungen in Ästuarien sind diese Modelle daher eher ungeeignet. Aufgrund dessen wird hier nur das Küstenflächenmodell näher erläutert. Dynamische Küstenflächenmodelle werden verwendet, wenn die morphodynamischen Vorgänge des betrachteten Gebietes eine Vernachlässigung der zweidimensional-horizontalen Ebene nicht erlauben. Die Berechnung von Zustandsgrößen auf einem zwei- bzw. dreidimensionalen Gitter erfolgt durch prozessbasierte gekoppelte Rechenmodule für Hydromechanik, Bathymetrieevolution sowie Sedimenttransport (de Vriend, et al., 1993).

2.1.3 Modellzeitskalen

Da prozessbasierte Küstenflächenmodelle sowohl zur Simulation von kurz - als auch von langzeitigen Vorgängen angewandt werden können, werden diese in zeitabhängige Gruppen eingeteilt. Bei Sedimentations-/Erosionsmodellen, auch *initial sedimentation/erosion* (ISE*) models* genannt, wird die Programmsequenz des gekoppelten Moduls nur einmal durchlaufen. Dabei basieren die Hydrodynamik- und Sedimenttransportberechnungen auf der Annahme einer unveränderlichen Bodentopographie und nur die Sedimentations- oder Erosionsrate für diese Topographie wird für jedes Gebiet berechnet. Dass Sedimentations- und Erosionsfelder sich in Richtung des Transports bewegen, wird dabei nicht erfasst, daher erweist sich diese Art der Modellierung nicht immer als repräsentativ. Dahingegen wird bei morphodynamischen Modellen, auch *medium-term morphodynamic* (MTM) *models* genannt, die Programmsequenz wiederholt durchlaufen. Die aktualisierte Bodentopographie wird jeweils für die nächste Berechnung der Hydrodynamik- und Sedimenttransportberechnung verwendet. Dies ergibt ein System, das die zeitlich dynamische Bathymetrieänderung ständig aktualisiert und beschreibt. Jedoch kann diese Simulation keine längeren Zeitskalen abbilden als die hydrodynamischen Vorgänge, wie z.B. Dauer eines Sturms oder die Tideperiode, andauern. Des Weiteren sind hier noch die morphologischen Langzeitmodelle, die auch *long-term morphological* (LTM) *models* genannt werden, zu erwähnen. Da hierbei jedoch nur ein parametrisiertes Modell verwendet wird, beschreiben die einzelnen Gleichungen die individuell physikalischen Prozesse nicht (de Vriend, et al., 1993). Das Flussdiagramm der zeitabhängigen Einteilung eines morphodynamischen Modells wird in Abb. 2-1 dargestellt.

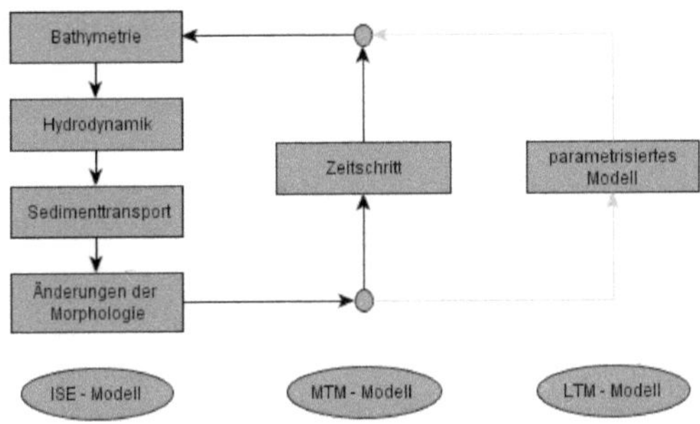

Abb. 2-1: **Zeitabhängige Komponenten eines morphodynamischen Modells (de Vriend, et al., 1993)**

3 Methoden

In dem zu bearbeitenden Paper stellt Roelvink zunächst verschiedene Methoden zur Aktualisierung der Morphologie dar. Diese sind vor allem bei der Modellierung komplexer Küstenregionen von großer Bedeutung.

3.1 Tidegemittelter Ansatz

Diese Methode basiert auf der Grundlage, dass sich die Morphologie über weit längere Zeiträume als die Hydrodynamik verändert. Demzufolge sind morphologische Veränderungen innerhalb eines einzelnen Gezeitenzyklus sehr gering und Auswirkungen auf die Hydrodynamik sowie den Sedimenttransport können vernachlässigt werden. Bei der Simulation der Hydrodynamik und des Sedimenttransportes wird somit der Meeresboden innerhalb eines Gezeitenzyklus als unveränderlich angenommen werden. Die Berechnung der Änderungsrate der Bathymetrie, auch Änderung der *ISE* genannt, erfolgt über den Gradienten des gemittelten tideinduzierten Transportes. Roelvink weist schließlich darauf hin, dass der tidegemittelte Ansatz zwei wesentlichen Einschränkungen unterliegt. Einerseits ist der morphologische Zeitschritt numerisch durch die Courant - Zahl begrenzt (vgl. Gleichung (3-1)).

$$CFL = \frac{c \cdot \Delta t}{\Delta s} \qquad (3\text{-}1)$$

mit:

c = Geschwindigkeit

Δt = Zeitschrittdiskretisierung

Δs = Ortsschrittdiskretisierung

Die Annäherung der Geschwindigkeit c kann durch

$$c = \frac{\partial S}{\partial z_b} \approx \frac{bS}{h} \qquad (3\text{-}2)$$

mit:

b = Stärke der Transportrelation

S = tidegemittelter Transport in s-Richtung

h = tidegemittelte Wassertiefe

erfolgen. Andererseits findet eine Einschränkung durch die ungenügende Genauigkeit der Zeitintegration, die meist eine gewöhnliche Eulermethode darstellt, da Systeme höherer Ordnung aufwendige Iterationen über das gesamte System mit sich bringen würden, statt. Aufgrund dieser Begrenzungen ist eine regelmäßige Aktualisierung des Transportprozess erforderlich.

3.2 Kontinuitätskorrektur

Die Tatsache, dass eine ständige Änderung der Bathymetrie Auswirkungen auf die Hydrodynamik sowie auf Transportprozesse hat, soll mithilfe der Erweiterung des tidegemittelten Ansatzes durch die Kontinuitätskorrektur in das System integriert und somit aufwendige Neuberechnungen der Hydrodynamik vermieden werden.

Abb. 3-1 bildet das Flussdiagramm des erweiterten tidegemittelten Ansatzes ab. Beginnend mit einer gegebenen Bathymetrie, wird die Interaktion zwischen Wellen und Strömungen innerhalb eines Tidezyklus mithilfe eines iterativen Ansatzes gelöst. Die resultierenden Strömungs- und Wellenfelder werden in ein Transportmodell, das den Geschiebe- sowie Schwebfrachttransport berechnet, eingespeist. Das gemittelte Ergebnis wird schließlich für die Berechnung der Veränderung des Meeresbodens verwendet. Anschließend wird die aktualisierte Bathymetrie entweder durch die sogenannte *continuity correction* erneut in das Transportmodell gespeist oder durch eine vollständig morphodynamische Schleife rückgekoppelt.

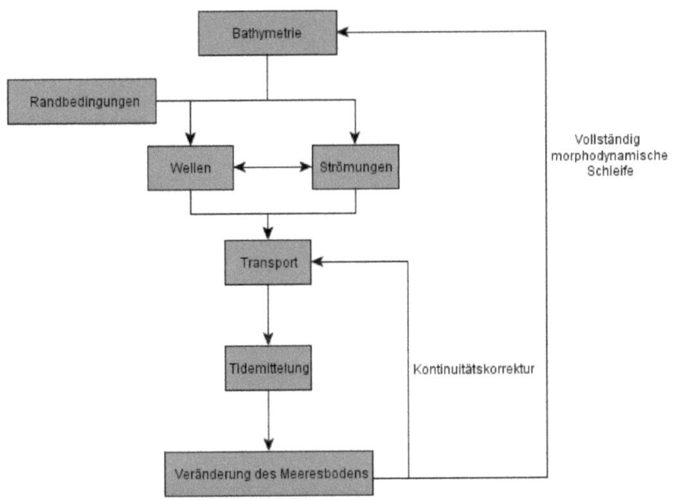

Abb. 3-1: **Flussdiagramm des tidegemittelten Ansatzes mit Kontinuitätskorrektur**

Generell stellt das Sedimenttransportfeld S eine Funktion des Strömungsfeldes u sowie der Orbitalgeschwindigkeit u_{orb} dar:

$$\vec{S} = f(\vec{u}, u_{orb}, \dots) \tag{3-3}$$

Veränderungen der Morphologie bringen Entwicklungen des Strömungsfeldes sowie der Orbitalgeschwindigkeit, die kontinuierlich aktualisiert werden müssen, mit sich. Dabei stellt die Kontinuitätskorrektur eine häufig angewandte Methode dar.

Da vorausgesetzt wird, dass das Strömungsprofil bei minimalen morphologischen Änderungen nicht variiert, gilt die Annahme, dass die lokale Durchflussmenge q konstant ist:

$$\vec{q} \neq f(t_{mor}), \tag{3-4}$$

dabei stellt t_{mor} die morphologische Zeit dar. Der Durchflussmegenvektor $\vec{q}$ definiert sich zu

$$\vec{q} = h \cdot \vec{u}. \tag{3-5}$$

Die Wassertiefe wird durch h dargestellt. Der gleiche Gedanke wird für die Simulation von Wellenmustern verwendet, dabei werden die Wellenhöhe, die Periode sowie die Wellenrichtung als konstant angesehen. Die Orbitalgeschwindigkeit ist lediglich von der lokalen Wassertiefe abhängig und somit gilt

$$H_{rms}, T_P \neq f(t_{mor}). \tag{3-6}$$

mit:

H_{rms} = Wellenhöhe

T_P = Wellenperiode

Dies trifft nur unter der Voraussetzung, dass

$$\vec{u} = \frac{\vec{q}}{h} \tag{3-7}$$

und

$$u_{orb} = f(H_{rms}, T_P, h). \tag{3-8}$$

eingehalten wird, zu. Infolgedessen ist die Anpassung des Sedimenttransportfeldes ausschließlich eine Frage der Anpassung der Geschwindigkeit sowie der Orbitalgeschwindigkeit und wird in Form Gleichung (3-3) neu berechnet.

Schlussfolgernd erklärt Roelvink, dass der tidegemittelte Ansatz mit Kontinuitätskorrektur nach wie vor die Berechnung der gesamten Transportprozesse über einen Tidezyklus erfordert. Müssen auch Schwebstofftransporte in Betracht gezogen werden, kann dies zu zeitintensiven Modellierungen führen. Die hauptsächliche Einschränkung der Kontinuitätskorrektur basiert jedoch auf der Annahme, dass sowohl der Durchfluss als auch das Strömungsprofil über die Zeit konstant bleiben. In Flachwassergebieten, die stetig flacher werden, hätte dies einen kontinuierlichen Anstieg der Fließgeschwindigkeit zur Folge. In der Praxis spielen Reibungseffekte jedoch eine wesentliche Rolle, daher werden Flachwasserstellen mit höheren Geschwindigkeiten umströmt. Experimentelle Untersuchungen dieses Ansatzes wurden unter anderem von Cayocca (2001) und Gelfenbaum et al. (2003) vorgenommen.

3.3   Die *RAM* Methode

Bestimmte Projekte erfordern häufig eine Interpretation der Ergebnisse anfänglicher Transport-berechnungen ohne dabei auf zeitintensive morphodynamische Simulationen zurückgreifen zu müssen. Dies kann beispielsweise durch die Betrachtung anfänglicher Sediment- bzw. Erosi-onsraten erfolgen. Allerdings führen initiale Störungen der Bathymetrie zu sehr zerstreuten Mus-tern und, wie de Vriend et al. (1993) feststellten, tendieren Sedimentations- bzw. Erosionsvor-gänge dazu sich der Transportrichtung anzupassen. Dieses Verhalten bleibt in der bisher erläu-terten Betrachtungsweise jedoch unberücksichtigt und ist aufgrund dessen in vielerlei Hinsicht fehlerhaft. Ein Verfahren, das dies in Betracht zieht, ist das Delft3D-RAM (*Rapid Assessment of Morphology*) Modul. Hierbei gilt die Voraussetzung, wie bei der *Kontinuitätskorrektur*, dass mi-nimale bathymetrische Veränderungen keine Auswirkungen auf das Wellen- und Strömungs-verhalten haben. Der *RAM* Ansatz basiert auf der Annahme, dass die Transportfunktion bei einem gegebenen Strömungs- und Wellenprofil lediglich von der Wassertiefe abhängig ist. Mit einer räumlichen Varianz kann somit eine vereinfachte Ermittlung des Sedimenttransports erfol-gen. Gleichung (3-9) beschreibt die Sedimentbilanz, die Veränderungen der Sohle in Bezug auf die Transportgradienten darstellt:

$$\frac{\partial z_b}{\partial t} + \frac{\partial S_x}{\partial x} + \frac{\partial S_y}{\partial y} = 0 \tag{3-9}$$

mit:

z_b = Sohlniveau

S_x, S_y = Komponenten des Sedimenttransportes

Die Reaktion des Sedimenttransportes auf bathymetrische Änderungen wird durch den Vektor $\vec{S}$ in Gleichung (3-10) wiedergegeben.

$$\vec{S} = \frac{\vec{S}_{t=0}}{|\vec{S}_{t=0}|} f(z_b) \tag{3-10}$$

Eine Abschätzung der Funktion $f(z)$ kann dadurch erfolgen, dass das proportionale Verhalten des Transportes zu einer Potenz b der Geschwindigkeit in Erwägung gezogen wird. Die Annä-herung definiert sich schließlich zu

$$|\vec{S}| \propto |u|^b \propto \left(\frac{|\vec{q}|}{h}\right)^b \propto |\vec{q}|^b h^{-1}, \tag{3-11}$$

dabei stellt $\vec{q}$ den Abfluss über die Breite dar. Für die Orbitalgeschwindigkeit kann eine ähnliche Relation angenommen werden, daher kann der Sedimenttransportvektor zu

$$|\vec{S}| = A(x,y)h^{-b(x,y)}$$

(3-12)

mit:

$$h = HW - z_b$$

$$h \geq 0$$

HW = Hochwasserstand

angenähert werden. Als weitere Vereinfachung gilt die Annahme, dass b über die gesamte Fläche konstant ist. In diesem Fall kann A in horizontaler Richtung direkt von der lokalen Wassertiefe und der anfänglichen Transportrate, für deren Berechnung ein komplexes Transportmodell erforderlich sein kann, abgeleitet werden.

Bei sich ständig wandelnden Gebieten, wie z.B. Ästuarien und äußeren Flussdeltas, gilt die *RAM* Methode als sehr geeignet. Sobald morphologische Änderungen zu groß werden, erfolgt eine vollständige Simulation der Hydrodynamik und des Sedimenttransportes auf der Grundlage verschiedener Eingabebedingungen. Daraus wird ein gewichteter Mittelwert des Sedimenttransportfeldes, der die Basis der nächsten *RAM* Berechnung darstellt, gebildet. Schließlich wird die aktualisierte Bathymetrie zu den detaillierten Hydrodynamik- und Transportmodelle zurückgeführt. Ein bedeutender Vorteil der *RAM* Methode ist, dass die zeitintensiven Berechnungen zur Aktualisierung des Wellen-, Strömungs- und Transportfeldes in parallelen Vorgängen ablaufen können, wie es in Abb. 3-2 dargestellt ist.

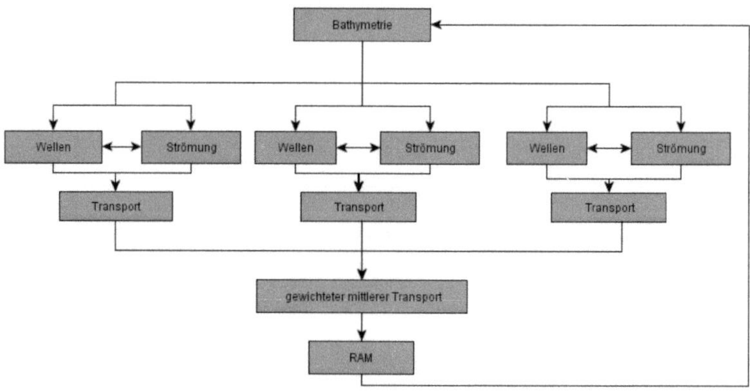

Abb. 3-2:   Flussdiagramm des RAM Ansatzes

3.4   *Online* Ansatz mit morphologischem Faktor

Die bisher behandelten Methoden haben die Gemeinsamkeit, dass die Morphologie innerhalb eines Gezeitenzyklus, im Vergleich zu den Strömungs- und Transportzeitschritten, relativ selten aktualisiert wird. Dahingegen zeichnet sich die *online* Methode dadurch aus, dass Änderungen der Bathymetrie, Strömungsprozesse sowie der Sedimenttransport mit gleichen, kurzen Zeitschritten aktualisiert werden. Weil dabei die Differenz der Zeitskalen zwischen der Strömung und der Morphologie außer Acht gelassen wird, wird, wie Lesser et al. (2004) beschreibt, der sogenannte *morphologische Faktor* eingeführt (vgl. Abb. 3-3). Der Faktor *n* vergrößert lediglich die tiefenabhängige Änderungsrate durch einen konstanten Faktor. Somit erfolgt nach der Simulation über einen Gezeitenzyklus die Modellierung morphologischer Veränderungen über *n* Zyklen. Diese Vorgehensweise ähnelt dem, von Latteux (1995) vorgeschlagenen, Konzept der verlängerten Tide, das in Verbindung mit der Kontinuitätskorrektur angewandt wurde. Der Leitgedanke des *online* Ansatzes ist, dass während einer Ebbe oder Flut alle ablaufenden Vorgänge reversibel sind, selbst wenn die Multiplikation aller Veränderungen mit dem Faktor *n* erfolgt. Die Ergebnisse werden nach einer ganzen Reihe von Gezeitenzyklen ausgewertet.

Ein Vorteil dieses Ansatzes ist, so Roelvink, dass kurzzeitige Vorgänge mit dem Strömungszeitschritt gekoppelt sind, wodurch die Einbeziehung variierender Interaktionen zwischen Strömung, Sediment und Morphologie vereinfacht werden kann. Insbesondere die Modellierung von sehr trockenen oder feuchten Regionen wird durch die *online* Methode vereinfacht. Im Vergleich zur „verlängerten Tide" Methode von Latteux (1995) benötigt diese Vorgehensweise keine Kontinuitätskorrektur, folglich können Vorgänge im Flachwasser präziser dargestellt werden. Beispiele zur Anwendung des *online* Ansatzes wurden unter anderem von Lesser et al. (2004) für den Hafen von Ilmuiden in den Niederlanden und von Reniers et al. (2004) für die Entwicklung der küstennahen Morphologie behandelt.

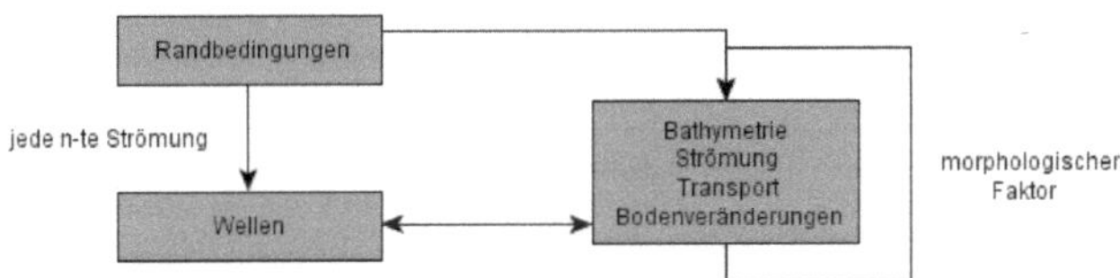

Abb. 3-3:   Flussdiagramm des *online* Ansatzes

3.5   Der *Parallel online* Ansatz

Roelvink verdeutlicht, dass der *parallel online* Ansatz den parallelen Charakter der *RAM* Methode mit der Exaktheit und der numerischen Stabilität des *online* Ansatzes kombinieren soll. Dieses Verfahren setzt voraus, dass hydrodynamische Bedingungen viel schneller variieren als die Morphologie folgen kann. Aufgrund dessen kann die Simulation von Ereignissen, wie Ebbe, Flut, Nordweststurm, Südwestwind sowie Nipp- und Springtide, zeitgleich erfolgen. Somit kann die Modellierung dieser Prozesse parallel ablaufen, vorausgesetzt sie basieren auf einer Bathymetrie, die über die gewichtete mittlere Bodenveränderung errechnet und aktualisiert wird.

Das Flussdiagramm des *parallel online* Ansatzes wird in Abb. 3-4 dargestellt. Ausgehend von einer gemeinsamen Bathymetrie, wird die Simulation in eine Anzahl parallel ablaufender Prozesse aufgeteilt, die jeweils unterschiedliche Bedingungen repräsentieren. Diese gleichzeitig ablaufenden Vorgänge liefern bei einer gegebenen Frequenz jeweils eine Bathymetrieänderung, die in den Vereinigungsprozess eingespeist wird. Daraus wird eine mittlere gewichtete Bodenveränderung berechnet und anschließend die Bathymetrie aktualisiert. Die zeitgleiche Ausführung der verschiedenen Prozesse ermöglicht eine effiziente Implementierung. Zur Selbstkontrolle kann eine bestimmte Gezeitenphase den Vorgängen zugeordnet werden, sodass Ebbe und Flut stets einander entgegen wirken. Dadurch wird eine reduzierte Amplitude der kurzfristig eintretenden Änderungen erzielt und erlaubt damit den Einsatz wesentlich höherer morphologischer Faktoren.

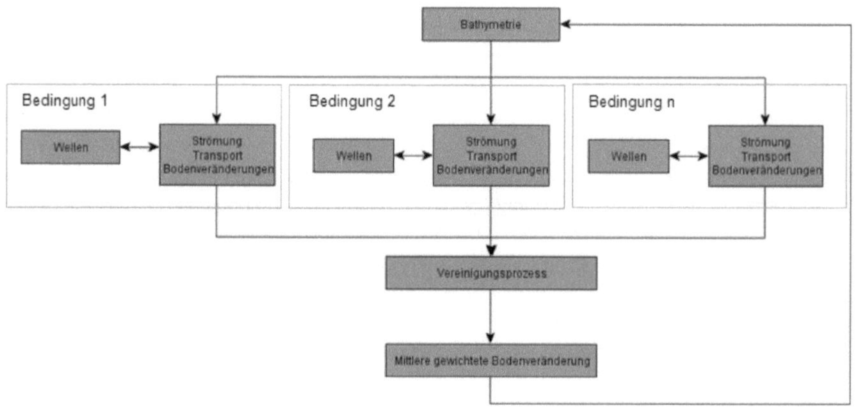

Abb. 3-4:   Flussdiagramm des *parallel online* Ansatzes

4 Gegenüberstellung der Methoden

Der tidegemittelte Ansatz und die *RAM* Methode wurden für Simulationen mit wesentlich höheren Zeitschrittweiten vorgesehen als Einzelereignisse, wie Stürme oder Gezeiten, andauern. Da es sich als praktisch unmöglich erweist solche Langzeitberechnungen mit realistisch veränderbaren Randbedingungen durchzuführen, müssen zunächst die Eingabebedingungen reduziert werden. Anschließend muss der aufeinanderfolgende bzw. parallele Ablauf der Randbedingungen gewährleistet werden. Beim tidegemittelten Ansatz werden die Simulationen in der Regel als eine Reihe von weitgehend gleichbleibenden Bedingungen, die jeweils keine großen morphologischen Veränderungen mit sich führen sollten, festgelegt. Dabei besteht die Gefahr, so Roelvink, dass einige Bereiche des Modells innerhalb einer Bedingung ein Quasigleichgewicht erreichen. Infolgedessen würde die dynamische Wirkung des Zustandes reduziert werden und die Simulation würde auf einer Bathymetrie, die nicht mehr im Gleichgewicht ist, basieren. Bei der *RAM* Methode wird das Sedimenttransportmuster über verschiedene Bedingungen gemittelt, bevor die Aktualisierung der Bathymetrie durchgeführt werden kann. Im Falle von kurzzeitig auftretenden Transportschwankungen ist diese Vorgehensweise sehr geeignet. Sobald jedoch Langzeitveränderungen betrachtet werden sollen, ist die *RAM* Methode nur unter der Voraussetzung, dass eine regelmäßige Aktualisierung der Hydrodynamik und des Transports stattfindet, anwendbar. Roelvink erklärt weiterhin, dass die Eingabebedingungen des *online* Ansatzes mit den der tidegemittelten Methode vergleichbar sind. Der *online* Ansatz wurde durch den morphologischen Faktor n ergänzt. Wird dieser jedoch sehr groß gewählt, z.B. $n = 100$, würden sieben simulierte Gezeitenzyklen ein Jahr morphologischer Veränderung repräsentieren. Da es sich als sehr schwierig erweist in nur sieben Zyklen über das Jahr gemittelte Wind- und Welleneinwirkungen darzustellen, würde ein morphologischer Faktor, der mit den Wellenbedingungen variiert, eine Lösung darstellen. Eine Option ist es Ereignissen mit einer geringen Eintrittswahrscheinlichkeit einen niedrigen und alltäglichen Prozessen einen hohen Faktor zuzuordnen.

4.1 Genauigkeit

Als wesentlichen Unterschied der erläuterten Methoden nennt der Autor die Zeitdiskretisierung der Bodenveränderungen. Um die Methoden hinsichtlich der Genauigkeit der Zeitschrittweite miteinander vergleichen zu können, schätzt Roelvink die Veränderungen nach n Gezeitenperioden ab und beurteilt anschließend wie präzise dies im Einzelnen ausgeführt wird. Die Bathymetrieänderung über eine Anzahl n von Tideperioden T definiert sich zu

$$\Delta z_b = \int_0^{nT} \frac{\partial z_b}{\partial t}\, dt = -\int_0^{nT} (\vec{\nabla}.\vec{S})\, dt = -\vec{\nabla}.\int_0^{nT} \vec{S}\, dt. \qquad \text{(4-1)}$$

Der Sedimenttransportvektor $\vec{S}$ wird durch eine Taylorreihenentwicklung 1.Ordnung approximiert. Um bathymetrische Veränderungen über n Gezeitenzyklen abschätzen zu können, wurde die Approximation der Gleichung (3-12) verwendet. Somit ergibt sich folgende Gleichung:

$$\Delta z_{b,t+nT} = -\vec{\nabla}.\int_t^{t+nT}\left(\vec{S}_{\tau,\Delta z_b=0} + \frac{\partial \vec{S}_{\tau,z_b=0}}{\partial z_b}\cdot \Delta z_{b,t} + O\left(\Delta z_b^2\right)\right)d\tau \approx$$

$$\approx -nT\left(1 + \frac{1}{2}\cdot\frac{b\cdot\Delta z_{b,t+nT}}{h}\right)\vec{\nabla}. < \vec{S}_{\Delta z_b=0} > +O\left(\Delta z_b^2\right) \tag{4-2}$$

Im Folgenden wird zum Vergleich der einzelnen Methode diese Abschätzung der Bodenänderung verwendet. Dabei muss beachtet werden, dass die Erweiterung O der Taylorreihe auf der Annahme der Kontinuitätskorrektur basiert, daher können auftretende Fehler nicht direkt festgestellt werden. Beim tidegemittelten Ansatz lautet die geschätzte morphologische Änderung nach einem Zeitschritt $\Delta t = nT$ wie folgt

$$\Delta z_{b,t+nT} \approx -nT\vec{\nabla}. < \vec{S}_{\Delta z_b=0} >. \tag{4-3}$$

Verglichen mit Gleichung (4-2), weist dieses Ergebnis einen relativen Fehler ε_{rel} der Größenordnung

$$\varepsilon_{rel} = \frac{1}{2}\frac{b\Delta z_b}{h} \tag{4-4}$$

auf. Der relative Fehler verhält sich proportional zum Verhältnis der Bodenveränderungen über die Wassertiefe und der Potenz b in der Transportrelation. Für den tidegemittelten Ansatz mit Kontinuitätskorrektur und den *RAM* Ansatz trifft der gleiche Fehler pro Zeitschritt zu. Zusätzlich entsteht jedoch ein Fehler aufgrund der Annahme eines konstanten Fließmusters. Die Fehleranalyse des *online* Ansatzes kann durch die Zeitdiskretisierung des Transportvektors erfolgen, indem dieser mit dem Faktor *n* wie folgt multipliziert wird

$$\Delta z_{b,t+nT} \approx -nT\left(1 + \frac{1}{2}\cdot\frac{bn\Delta z_{b,t+T}}{h}\right)\vec{\nabla}. < \vec{S}_{\Delta z_b=0} > +O\left(\Delta z_b^2\right). \tag{4-5}$$

Dies verglichen mit Gleichung (4-2), entsteht ein relativer Fehler, der sich definiert zu

$$\varepsilon_{rel} = \frac{1}{2}\cdot\frac{b}{h}\left(\Delta z_{b,t+nT} - n\Delta z_{b,t+T}\right). \tag{4-6}$$

Dieser Fehler ist vernachlässigbar für *n = 1* und auch für andere *n* – Werte ist der Fehler sehr viel kleiner als beim tidegemittelten Ansatz, solange die Bathymetrieänderung nicht zu sehr von einem linearen Trend abweicht. Aufgrund der Reduzierung der Amplitude in einem Gezeitenzyklus, weist die Bodenänderung bei der *parallel online* Methode im Vergleich zum *online* Ansatz eher einen linearen Verlauf auf. Folglich kann ein noch geringerer relativer Fehler erwartet werden. Obwohl diese Betrachtungsweisen in Hinblick auf die erforderlichen Approximationen qualitativ sind, schlussfolgert Roelvink, dass die *online* Methoden ein genaueres Ergebnis als die tidegemittelten Ansätze liefern.

4.2　　　Effizienz

Drei Faktoren, die numerische Stabilität, die Genauigkeit und die Fähigkeit verschiedene Eingabebedingungen, wie Wind, Wellen und Abflüsse, zu simulieren, bestimmen die relative Effizienz der erläuterten Methoden. Dabei stellt die numerische Stabilität hauptsächlich für die tidegemittelte Methode und den *RAM* Ansatz eine Einschränkung dar, weil die maximalen Zeitschrittweiten mit einer Minute, im Gegensatz zu einer Gezeitenperiode von etwa 745 Minuten, durch die Courant - Zahl begrenzt sind. Für großflächige Simulationen im Tiefwasser mit einer großen Maschenweite und/oder einer geringen Transportrate stellen diese Betrachtungsweisen keine Probleme dar. In der Realität ist jedoch die Simulation von Flachwassergebieten mit einer detaillierten Netzdiskretisierung von größerer Bedeutung. Die Restriktion des Zeitschrittes trifft nicht für die beiden *online* Methoden zu, daher sind hier wesentlich größere Zeitschritte möglich. Das Genauigkeitskriterium schränkt die tidegemittelte Betrachtungsweise mehr ein als die *online* Methoden. Es ist zwar nicht abhängig von der Netzdiskretisierung, jedoch sollten relative Bodenveränderungen möglichst klein sein. Ansonsten würde die Annahme einer konstanten Bathymetrie während der Auswertung der Transportprozesse nicht mehr zutreffen. Ein sequentielles Szenario von variierenden Eingabebedingungen wird in der tidegemittelten und der *online* Methode verwendet. Dies stellt einen Nachteil dar, weil der Faktor *n* bei einer detaillierten Modellierung begrenzt wird. Im Gegensatz dazu lässt sich bei der *RAM* und *parallel online* Methode eine parallel ablaufende Berechnung und somit eine präzisere Simulation realisieren.

4.3　　　Simulationsergebnisse der Methoden

Zur Untersuchung und Veranschaulichung der *parallel online* Methode und zum Vergleich mit den anderen bereits erläuterten Ansätzen stellt Roelvink eine, mit *Delft3D* durchgeführte, Modellierung dar. Das theoretische Modellierungsgebiet wird als eine 10 * 15 km große rechteckige Bucht mit einer konstanten Wassertiefe von 2 m im Raster von 100 * 100 m simuliert. Der Meeresgrund nimmt von - 2 m auf - 10 m auf einer Länge von 5 km kontinuierlich ab (vgl. Abb. 4-1). Der Einlass der Gezeiten misst eine Breite von 2 km. Der markierte Punkt dient dem, in Abb. 4-5, graphisch dargestellten Vergleich der Bodenveränderungen.

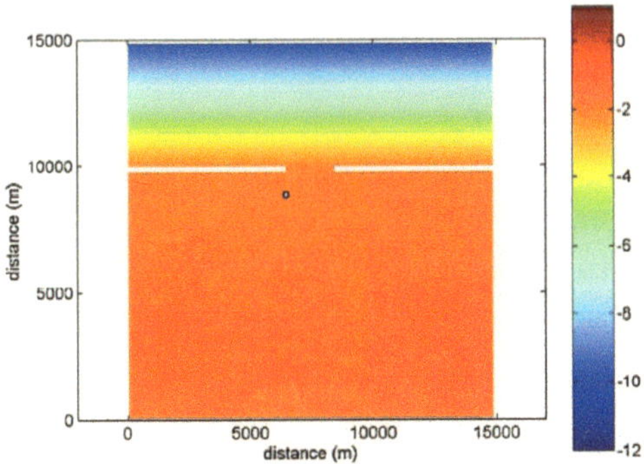

Abb. 4-1:　Ursprüngliche Bathymetrie des Modellierungsgebietes

Um den tidegemittelten Ansatz mit der *parallel online* Methode vergleichen zu können, wurde der tidegemittelte Ansatz *off - line* implementiert, wobei dasselbe Modell zur Berechnung der tidegemittelten morphologischen Veränderungen verwendet wurde. Des Weiteren wurde für den tidegemittelten Ansatz ein automatischer Zeitschritt gewählt, der das Stabilitätskriterium für diese Methode erfüllt. Die Kombination eines großen, flachen Beckens mit feinem Sediment führt zu einem sehr dynamischen Verhalten. Abb. 4-2 verdeutlicht die veränderte Bathymetrie nach einer morphologischen Zeit von 55 Tiden.

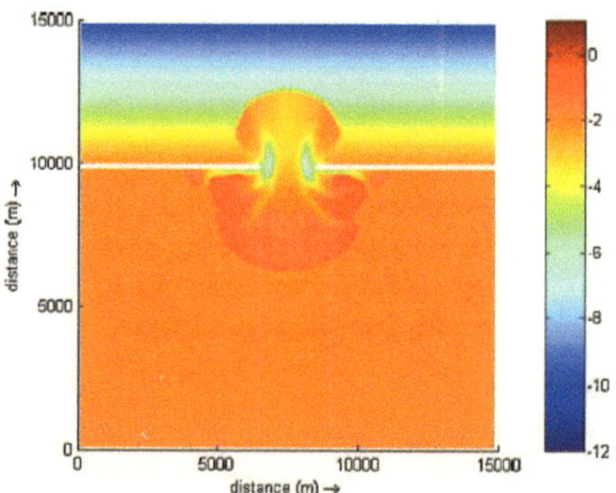

Abb. 4-2:   **Bathymetrie nach 55 Tiden, tidegemittelter Ansatz**

In Abb. 4-3 ist die resultierende Bathymetrie der Simulation mit dem *parallel online* Ansatz mit einem morphologischen Faktor von *n* = 1 dargestellt. Dieses Ergebnis sollte am ehesten der Realität entsprechen, da die Bathymetrie nach jedem Strömung- und Transportzeitschritt aktualisiert wurde.

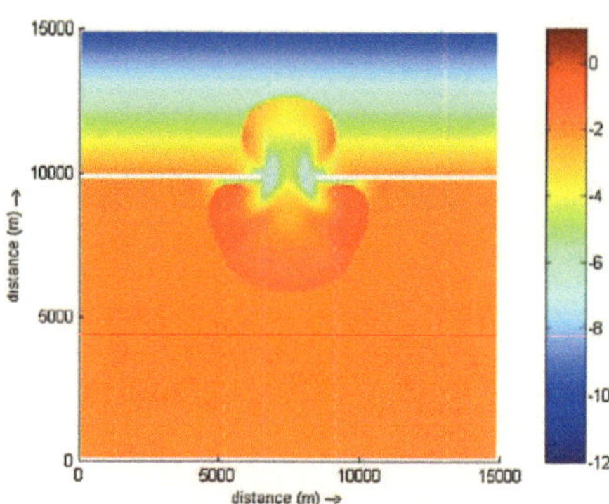

Abb. 4-3:   **Bathymetrie nach 55 Tiden, online Ansatz mit n = 1**

Obwohl sich die Bathymetriemuster der beiden Methoden sehr ähneln, ist das Ergebnis der *parallel online* Methode viel glatter und weist noch keine numerischen Ungenauigkeiten auf.

Letztere sind im Fall der tidegemittelten Methode wesentlich größer. Um Langzeitsimulationen zu erzielen, wurde der morphologische Faktor zunächst auf $n = 11$ erhöht. Der Autor stellte fest, dass ein nahezu identisches Ergebnis erzielt wurde. Dabei wurde ebenso aufgeführt, dass der durch die Erhöhung des morphologischen Faktors resultierende Fehler begrenzt ist. Roelvink führte zum einen eine Simulation über 20 Tage hydrologischer Zeit mit einem morphologischen Faktor von $n = 10$ resultierend aus 200 Tagen morphologischer Veränderungen durch. Zum anderen erfolgte eine Simulation mit vier parallel ablaufenden Gezeitenphasen von 0°, 90°, 180° bzw. 270°. Abb. 4-4 verdeutlicht die veränderte Bathymetrie nach 800 Tagen mit $n = 40$ und gleichzeitig ablaufenden Tidephasen von 90°.

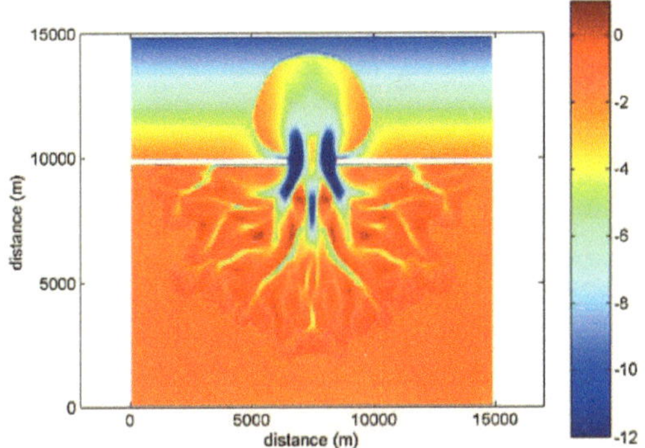

Abb. 4-4:   Bathymetrie nach 800 Tagen

Der Autor beschreibt die Entwicklung der Bathymetrie während der Simulationen als glatt und stabil. Es entsteht ein fraktales Muster von Kanälen und Untiefen, die sich bis zur Strandzone ausweiten. In Abb. 4-5 werden die Bodenveränderungen der drei letzten Simulationen am markierten Punkt graphisch dargestellt. Der blau abgebildete Verlauf bildet die Simulation mit einer Phase und einem morphologischen Faktor von $n = 10$ ab. Hierbei ist deutlich zu erkennen, dass anfänglich erhebliche Fluktuationen, die mit zunehmender Wassertiefe abnehmen, auftreten. Der Verlauf der Bodenveränderungen bei der vierphasige Simulation mit $n = 40$ ist zwar glatter, jedoch sind ebenso leichte Schwankungen zu vermerken. Dahingegen weist die grün dargestellte Bathymetrieentwicklung, die in vier Phasen mit $n = 10$ durchgeführt wurde, einen sehr glatten Verlauf auf. Roelvink schlussfolgert, dass die *parallel online* Methode eine Simulation von detaillierten Randbedingungen ermöglicht, indem die Anzahl der verwendeten Prozessoren erhöht wird. Damit wird der zusätzliche Aufwand abgedeckt anstatt durch höhere Laufzeiten. Außerdem hebt der Autor hervor, dass dieses Paper keine realistische Beurteilung der simulierten bathymetrischen Entwicklungen vorsah. Die abschließende Erkenntnis ist, dass die *parallel online* Methode einer Überbrückung zwischen kurzzeitigen hydrodynamischen Veränderungen und langfristigen morphologischen Entwicklungen darstellt.

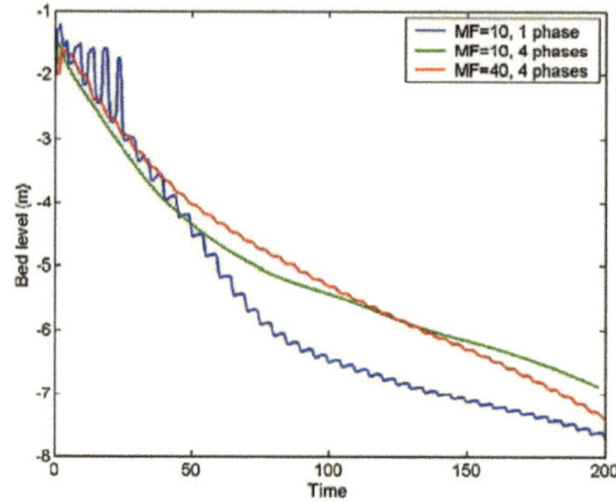

Abb. 4-5:   Vergleich der Bathymetrieänderungen

5 Heutiger Stand des Wissens und Bewertung des Papers

Wie Roelvink bereits in dem vorliegenden Paper vermutete, konzentrieren sich weiterführende wissenschaftliche Arbeiten im Bereich der morphodynamischen Modellierung vorwiegend auf Langzeitsimulationen. So liefern Untersuchungen, die von Jones, et al. (2007) veröffentlicht wurden, eine detaillierte Sensibilitätsanalyse verschiedener Reduktionsmethoden. Dabei wird unter anderem der von Roelvink erläuterte prozessbasierte *online* Ansatz verwendet. Ziel der Arbeit war die Erstellung eines gekoppelten Modells, das zum einen alle physikalischen Langzeitprozesse berücksichtigt und zum anderen effizient genug ist um Simulationen zu vereinfachen. Die in dieser Studie ausgeführten Experimente lieferten ein Simulationsmodell, das die Modellierung Langzeitprozesse erlaubt, jedoch nicht auf alle Situationen übertragbar ist.

Auch Dastgheib, et al. (2008) beschäftigte sich mit einer Studie über prozessbasierte Modelle unter Flachwasserbedingungen um morphologische Veränderungen des dänischen Wattenmeeres in einem Zeitraum von 2000 Jahren zu simulieren und stabile (Gleichgewichts-) Bedingungen abbilden zu können. Da stabile Bedingungen besonders von den Eingabeparametern abhängig sind, behandelt diese Arbeit die Auswirkungen verschiedener Anfangsbedingungen. Die durchgeführten Simulationen entstanden mit der zweidimensionalen Version des Delft3d-Systems. Diese Untersuchungen, die ebenfalls auf der *online* Methode basierten, lieferten sinnvolle Ergebnisse. Das verwendete prozessbasierte Modell konnte jedoch bei Angabe aller Anfangsbedingungen keine einzige langzeitige stabile (Gleichgewichts-) Bedingung innerhalb der Modellierungsdauer abbilden. Dafür konnten Vorgänge, wie z.B. der Sedimentaustausch, bei Vorgabe der jeweiligen Anfangsbedingungen separat simuliert und ein stabiler Gleichgewichtszustand erreicht werden.

In der von Zhang, et al. (2012) veröffentlichten Arbeit wurde ein hybrides morphodynamisches Modell vorgestellt, das prozessbasierte mit verhaltensorientierten Modulen kombiniert. Dies soll der Simulation bathymetrischer Evolution in tidebeeinflussten Regionen in einem Zeitraum von Jahrzehnten bis Jahrtausenden dienen. Dabei beruhen die prozessbasierten Module auf konservativen Gleichungen zum Lösen von Wellen-, Sedimenttransport sowie Strömungen. Verhaltensorientierte Module dahingegen entstehen auf der Grundlage von empirischen Untersuchungen von Klifferosionen, Geschiebe- sowie terrestrischem Sandtransport. Die Anwendung dieses numerischen Modells auf eine reale Küste, der Darss-Zingst Insel in der Ostsee, bewies, dass damit morphologische Vorgänge in einem Zeitraum von Jahrtausenden dargestellt werden können. Im Allgemeinen kann das hier vorgestellte Modell auch bei komplexeren tidebeeinflussten Küstengebieten, wie z.B. an Steilküsten, angewendet werden.

Ein Kritikpunkt ist, dass das in dieser Arbeit erläuterte Paper zwar einen Überblick über einige analytische Methoden zur Simulation morphologischer Vorgänge bzw. zur Aktualisierung der Bathymetrie gibt, jedoch wird keine Validierung der Methoden vorgenommen. *Benchmarks* numerischer Simulationen der hydro- und morphodynamischen Entwicklung wurden beispielsweise von Tambroni, et al. (2010) behandelt.

Literaturverzeichnis

Dastgheib, A., Roelvink, J.A. und Wang, Z.B. 2008. Long-term process-based morphological modeling of the Marsdiep Tidal Basin. *Marine Geology.* 2008, 256, S. 90-100.

de Vriend, H.J, et al. 1993. Medium - term 2DH coastal area modelling. *Coastal Engineering.* 1993, 21, S. 193-224.

Jones, O.P., Petersen, O.S. und Kofoed-Hansen, H. 2007. Modelling of complex coastal environments: Some considerations for best practise. *Coastal Engineering.* 2007, 54, S. 717-733.

Latteux, B. 1995. Techniques for a long-term morphological simulation under tidal action. *Marine Geology.* 1995, 126, S. 129-141.

Lesser, G.R., et al. 2004. Development and validation of a three-dimensional morphological model. *Coastal Engineering.* 2004, 51, S. 883-915.

O'Brien, M. und Asce, F. 1969. Equilibrium flow areas of inlets on sandy coasts. *Journal of the waterways and harbors decisions.* 1969.

Tambroni, N., Ferrarin, C. und Canestrelli, A. 2010. Benchmark on the numerical simulations of the hydrodynamic and morphodynamic evolution of tidal channels and tidal inlets. *Continental Shelf Research.* 2010, 30, S. 963–983.

Wang, Z.B., Louters, T. und de Vriend, H.J. 1995. Morphodynamic modeling for a tidal inlet in the wadden sea. *Marine Geology.* 1995, 126, S. 289-300.

WL | Delft Hydraulics. 2007. *Delft3D-FLOW - user manual.* 2007.

Zhang, Wenyan, Schneider, Ralf und Harff, Jan. 2012. A multi-scale hybrid long-term morphodynamic model for wave-dominated coasts. *Geomorphology.* 2012, 149-150, S. 49–61.

BEI GRIN MACHT SICH IHR WISSEN BEZAHLT

- Wir veröffentlichen Ihre Hausarbeit, Bachelor- und Masterarbeit

- Ihr eigenes eBook und Buch - weltweit in allen wichtigen Shops

- Verdienen Sie an jedem Verkauf

Jetzt bei www.GRIN.com hochladen und kostenlos publizieren